CONTENTS

El futuro es ahora: Guía rápida del mundo de la inteligencia artificial — 1

Qué es la inteligencia artificial con una breve historia de su desarrollo — 3

La IA en el mundo actual y su potencial para el futuro — 6

Visión general — 9

Tipos de IA y sus aplicaciones — 11

Terminología y conceptos clave de la AI — 13

Configurar el entorno Ai — 23

Conceptos básicos de programación para el desarrollo de IA — 26

Herramientas y marcos para el desarrollo de la IA — 29

Recopilación y preparación de datos para modelos de IA — 32

Creación y entrenamiento de modelos de IA — 35

Probar y evaluar modelos de IA — 37

Perfeccionar los modelos de IA para mejorar la precisión y el rendimiento — 40

Ejemplos reales de IA en acción — 43

Casos prácticos de implantación con éxito de la IA — 46

Tecnologías emergentes e investigación en IA — 49

Predicciones para el futuro de la IA y su impacto en la sociedad — 52

Oportunidades y retos de la IA en diversos sectores   55
Recapitulación de conceptos clave   59
Recursos para seguir aprendiendo y desarrollándose   61

EL FUTURO ES AHORA: GUÍA RÁPIDA DEL MUNDO DE LA INTELIGENCIA ARTIFICIAL

Bienvenido a esta guía sobre Inteligencia Artificial (IA).

En esta guía, nos adentraremos en el mundo de la IA, empezando por lo más básico y avanzando hacia conceptos más avanzados.

En la introducción, definiremos la IA y ofreceremos una breve historia de su desarrollo. También analizaremos por qué la IA es importante en el mundo actual y su potencial para el futuro.

La guía se divide en varias secciones. En la primera sección, "Entender la IA", exploraremos los tipos de IA y sus aplicaciones, y aprenderemos terminología y conceptos clave de la IA. También trataremos las preocupaciones éticas y sociales que rodean el desarrollo y el uso de la IA.

En la segunda sección, "Primeros pasos con la IA", configuraremos nuestro entorno de IA, seleccionaremos un lenguaje de programación y una plataforma de desarrollo, y aprenderemos conceptos básicos de programación para el desarrollo de IA. También exploraremos herramientas y marcos para el desarrollo de IA, como TensorFlow y PyTorch.

En la tercera sección, "Desarrollo de la IA", recopilaremos y prepararemos datos para modelos de IA, construiremos y entrenaremos modelos de IA como regresión, clasificación y redes neuronales, probaremos y evaluaremos modelos de IA y los ajustaremos para mejorar su precisión y rendimiento.

En la cuarta sección, "Aplicaciones de la IA", veremos ejemplos reales de IA en acción, como coches autoconducidos, procesamiento del lenguaje natural y mantenimiento predictivo. También conoceremos casos prácticos de aplicaciones de IA con éxito y consideraciones éticas en las aplicaciones de IA, como la parcialidad, la privacidad y la transparencia.

En la quinta sección, "Futuro y tendencias de la IA", analizaremos las tecnologías emergentes y la investigación en IA, haremos predicciones sobre el futuro de la IA y su impacto en la sociedad, y exploraremos las oportunidades y retos de la IA en diversos sectores como la sanidad, las finanzas y el transporte.

A modo de conclusión, recapitularemos conceptos clave y conclusiones, ofreceremos recursos para seguir aprendiendo y desarrollando, y fomentaremos el uso y desarrollo responsables de la IA.

Acompáñenos en este viaje para explorar
el fascinante mundo de la IA.

Introducción

QUÉ ES LA INTELIGENCIA ARTIFICIAL CON UNA BREVE HISTORIA DE SU DESARROLLO

La inteligencia artificial (IA) es una rama de la informática centrada en el desarrollo de máquinas inteligentes capaces de realizar tareas que suelen requerir una inteligencia similar a la humana, como la percepción visual, el reconocimiento del habla, la toma de decisiones y el procesamiento del lenguaje natural.

El objetivo último de la IA es crear máquinas capaces de aprender, razonar y adaptarse por sí solas, sin necesidad de intervención humana.

La historia de la IA se remonta a mediados del siglo XX, con el desarrollo de los primeros ordenadores electrónicos. A finales de los años 40, investigadores como Alan Turing empezaron a estudiar la posibilidad de crear máquinas que pudieran pensar y aprender como los humanos. Sin embargo, los avances fueron lentos debido a las limitaciones de las primeras tecnologías informáticas.

En las décadas de 1950 y 1960, la investigación sobre IA empezó a cobrar impulso y se produjeron varios avances significativos.

En 1956, John McCarthy organizó la Conferencia de Dartmouth, considerada el nacimiento de la IA como campo de estudio. Durante esta conferencia, McCarthy y otros investigadores propusieron la idea de utilizar ordenadores para simular la inteligencia humana.

A lo largo de la década de 1960, la investigación en IA se centró en el desarrollo de sistemas expertos basados en reglas, diseñados para imitar la capacidad de toma de decisiones de los expertos humanos en ámbitos específicos como la medicina, las finanzas y la ingeniería. Sin embargo, la capacidad de estos sistemas para aprender y adaptarse a nuevas situaciones era limitada.

En las décadas de 1980 y 1990, la investigación en IA se orientó hacia el desarrollo de algoritmos de aprendizaje automático, que permitían a las máquinas aprender y mejorar su rendimiento con el tiempo mediante el análisis de grandes cantidades de datos. Esto dio lugar a avances significativos en áreas como el procesamiento del lenguaje natural, la visión por ordenador y el reconocimiento del habla.

Hoy en día, la IA es un campo en rápido crecimiento, con aplicaciones en una amplia gama de industrias, como la sanidad, las finanzas, el transporte y el entretenimiento. Los recientes avances en aprendizaje profundo, redes neuronales y otras tecnologías de IA han llevado al desarrollo de máquinas que pueden realizar tareas que antes se consideraban imposibles para los ordenadores, como jugar a juegos complejos, conducir coches e incluso componer música.

Introducción

LA IA EN EL MUNDO ACTUAL Y SU POTENCIAL PARA EL FUTURO

La inteligencia artificial (IA) es un campo en rápido crecimiento que tiene el potencial de revolucionar nuestra forma de vivir y trabajar. Hoy en día, la IA ya se utiliza en una amplia gama de aplicaciones, desde asistentes de voz como Siri y Alexa hasta coches autoconducidos y medicina personalizada. La IA tiene la capacidad de analizar grandes cantidades de datos, reconocer patrones y hacer predicciones basadas en esos datos, lo que la hace increíblemente poderosa y valiosa.

Una de las aplicaciones más importantes de la IA es el campo de la asistencia sanitaria. La IA puede utilizarse para analizar datos médicos, identificar patrones y factores de riesgo y realizar diagnósticos más precisos. Esto puede conducir a una detección más precoz de las enfermedades y a tratamientos más eficaces, lo que puede salvar vidas y mejorar los resultados de los pacientes. Además, la IA puede ayudar a los profesionales sanitarios a gestionar los datos de los pacientes de forma más eficaz, mejorando la calidad y la eficiencia de la asistencia.

Otra aplicación importante de la IA es el campo de la educación. La IA puede utilizarse para personalizar las experiencias de aprendizaje, identificar los puntos fuertes y débiles de cada alumno y proporcionar información específica a estudiantes y profesores. Esto puede conducir a experiencias educativas más eficaces y atractivas, y a mejores resultados de aprendizaje para los estudiantes.

La IA también se está utilizando para mejorar las operaciones empresariales, automatizando tareas repetitivas y proporcionando información valiosa sobre el comportamiento y las preferencias de los clientes. Esto puede ayudar a las empresas a mejorar la eficiencia, reducir costes y aumentar los ingresos.

En el futuro, el potencial de la IA es enorme. Es probable que la IA siga desarrollándose y perfeccionándose, dando lugar a aplicaciones aún más potentes y avanzadas. Algunos expertos creen que la IA podría llegar a utilizarse para resolver algunos de los problemas más acuciantes del mundo, como el cambio climático y la pobreza.

Sin embargo, también es importante reconocer que existen riesgos potenciales asociados al desarrollo de la IA. Por ejemplo, preocupa el impacto de la IA en el empleo y la economía, así como la posibilidad de que se haga un mal uso de la IA o de que se vuelva demasiado poderosa.

En general, la IA tiene el potencial de aportar enormes beneficios a nuestro mundo, desde la mejora de la sanidad y la educación hasta el impulso de la innovación y el crecimiento económico. A medida que la IA siga desarrollándose y evolucionando, será importante considerar cuidadosamente tanto las oportunidades como los riesgos, y garantizar que se desarrolle de forma que maximice su potencial para el bien.

ARTIFICALINTELLIGENCE

Introducción

VISIÓN GENERAL

Esta guía está concebida para proporcionar a los lectores un conocimiento exhaustivo de la inteligencia artificial (IA), sus aplicaciones y su potencial para el futuro. Se divide en siete secciones principales:

I. Introducción: Esta sección ofrece una visión general del contenido de la guía, así como una breve historia del desarrollo de la IA y una explicación de la importancia de la IA en el mundo actual.

II. Comprender la IA: esta sección explica los distintos tipos de IA y sus aplicaciones, así como la terminología clave y las consideraciones éticas en torno al desarrollo y uso de la IA.

III. III. Primeros pasos con la IA: Esta sección cubre los aspectos básicos de la configuración de un entorno de IA, conceptos de programación para el desarrollo de IA, y herramientas y marcos para el desarrollo de IA.

IV. Desarrollo de la IA: Esta sección profundiza en el proceso de creación y entrenamiento de modelos de IA, incluida la recopilación y preparación de datos, la creación de modelos, las pruebas y la evaluación, y el ajuste para mejorar la precisión y el rendimiento.

V. V. Aplicaciones de la IA: Esta sección ofrece ejemplos reales de IA en acción, estudios de casos de aplicaciones de IA con éxito y consideraciones éticas en la aplicación de la IA.

VI. Futuro y tendencias de la IA: Esta sección explora las tecnologías emergentes y la investigación en IA, las predicciones para el futuro de la IA y su impacto en la sociedad, y las oportunidades y retos para la IA en diversas industrias.

VII. VII. Conclusión: La guía concluye con una recapitulación de conceptos clave y conclusiones, recursos para seguir aprendiendo y desarrollándose, y un llamamiento a la acción para un uso y desarrollo responsables de la IA.

Comprender la IA

TIPOS DE IA Y SUS APLICACIONES

La Inteligencia Artificial (IA) engloba una serie de tecnologías que permiten a las máquinas realizar tareas que normalmente requerirían inteligencia humana. Algunos de los principales tipos de IA son el aprendizaje automático, el aprendizaje profundo y el procesamiento del lenguaje natural, cada uno con sus características y aplicaciones únicas.

Aprendizaje automático:

El aprendizaje automático es un subconjunto de la IA que permite a las máquinas aprender de los datos y mejorar su rendimiento con el tiempo sin ser programadas explícitamente. Implica el uso de modelos estadísticos y algoritmos que permiten a la máquina identificar patrones en los datos y hacer predicciones o tomar decisiones basadas en esa información. El aprendizaje automático es útil en aplicaciones como el reconocimiento de imágenes, la detección de fraudes y el procesamiento del lenguaje natural.

Aprendizaje profundo:

El aprendizaje profundo es un subconjunto del aprendizaje automático que implica el uso de redes neuronales, inspiradas en la estructura y el funcionamiento del cerebro humano. Permite a la máquina aprender de grandes volúmenes de datos y hacer predicciones o tomar decisiones basadas en esa información. El aprendizaje profundo es útil en aplicaciones como el reconocimiento de voz, la detección de objetos y los vehículos autónomos.

Procesamiento del lenguaje natural:

El Procesamiento del Lenguaje Natural (PLN) es un subconjunto de la IA que permite a las máquinas comprender e interpretar el lenguaje humano. Implica el uso de algoritmos y modelos que pueden analizar, interpretar y generar lenguaje humano. El PLN es útil en aplicaciones como chatbots, asistentes de voz y análisis de sentimientos.

Cada uno de estos tipos de IA tiene numerosas aplicaciones en diversos sectores. Por ejemplo, el aprendizaje automático puede utilizarse para desarrollar recomendaciones personalizadas para sitios web de comercio electrónico, identificar patrones en datos financieros y diagnosticar enfermedades. El aprendizaje profundo puede utilizarse en vehículos autónomos, reconocimiento de voz y reconocimiento de imágenes. El procesamiento del lenguaje natural puede utilizarse en chatbots, asistentes de voz y análisis de opiniones.
En resumen, comprender los tipos de IA y sus aplicaciones es crucial para cualquier persona interesada en el desarrollo o la implantación de la IA. Al aprovechar las capacidades únicas de cada tipo de IA, las empresas y organizaciones pueden aprovechar el poder de la IA para mejorar sus operaciones, mejorar las experiencias de los clientes e impulsar la innovación.

Comprender la IA

TERMINOLOGÍA Y CONCEPTOS CLAVE DE LA AI

1. La inteligencia artificial (IA) es un campo en rápida evolución con una amplia gama de terminologías y conceptos. Comprender estos términos clave es crucial para cualquier persona interesada en el campo de la IA. He aquí algunos de los términos y conceptos más importantes de la IA:
2. Aprendizaje automático: Un subconjunto de la IA que permite a las máquinas aprender de los datos sin ser programadas explícitamente. Los algoritmos de aprendizaje automático utilizan métodos estadísticos para identificar patrones en los datos y hacer predicciones o tomar decisiones.
3. Aprendizaje profundo: Un tipo de aprendizaje automático que utiliza redes neuronales con múltiples capas para procesar y analizar grandes cantidades de datos. El aprendizaje profundo es especialmente útil para tareas que implican el procesamiento del lenguaje natural, la visión por ordenador y el reconocimiento de voz.
4. Procesamiento del Lenguaje Natural (PLN): Subcampo de la IA que se centra en capacitar a los ordenadores para comprender, interpretar y generar lenguaje humano. El PLN se utiliza en aplicaciones como chatbots, asistentes

de voz y traducción de idiomas.
5. Robótica: Rama de la Inteligencia Artificial que se ocupa del diseño, la construcción y el funcionamiento de robots. La robótica se utiliza en una amplia gama de aplicaciones, como la fabricación, la asistencia sanitaria y el transporte.
6. Visión por ordenador: Capacidad de los ordenadores para interpretar y comprender la información visual del mundo que les rodea. La visión por ordenador se utiliza en aplicaciones como el reconocimiento facial, la detección de objetos y los coches autoconducidos.
7. Aprendizaje por refuerzo: Tipo de aprendizaje automático que consiste en entrenar a un agente de IA para que realice acciones en un entorno con el fin de maximizar una recompensa. El aprendizaje por refuerzo se utiliza en aplicaciones como los juegos, la robótica y la conducción autónoma.
8. Redes neuronales: Conjunto de algoritmos que permiten a las máquinas reconocer patrones en los datos. Las redes neuronales siguen el modelo de la estructura del cerebro humano y se utilizan en el aprendizaje profundo para procesar datos complejos.
9. Aprendizaje supervisado: Tipo de aprendizaje automático en el que el algoritmo se entrena con datos etiquetados, lo que significa que se conoce el resultado deseado. El aprendizaje supervisado se utiliza en aplicaciones como el reconocimiento de imágenes, el filtrado de spam y la detección de fraudes.
10. Aprendizaje no supervisado: Tipo de aprendizaje automático en el que el algoritmo se entrena con datos no etiquetados, lo que significa que el resultado deseado es desconocido. El aprendizaje no supervisado se utiliza en aplicaciones como la agrupación y la detección de anomalías.
11. Aprendizaje por transferencia: Tipo de aprendizaje automático que consiste en entrenar un modelo en

una tarea y transferir sus conocimientos a otra. El aprendizaje por transferencia es útil para tareas en las que se dispone de pocos datos etiquetados.

12. Redes neuronales convolucionales (CNN): Un tipo de red neuronal que suele utilizarse para tareas de reconocimiento y clasificación de imágenes. Las CNN utilizan capas convolucionales para aprender automáticamente las características de la imagen de entrada.

13. Redes neuronales recurrentes (RNN): Un tipo de red neuronal que suele utilizarse para datos secuenciales, como el procesamiento del lenguaje natural o el análisis de series temporales. Las RNN utilizan capas recurrentes para mantener una memoria de entradas anteriores.

14. Big data: Término utilizado para describir conjuntos de datos extremadamente grandes y complejos que no pueden procesarse con las técnicas tradicionales de tratamiento de datos. La IA se utiliza a menudo para analizar y extraer información de los big data.

15. Sesgo: Término utilizado para describir la tendencia de los sistemas de IA a tomar decisiones injustas o discriminatorias debido a sesgos subyacentes en los datos o algoritmos. El sesgo en la IA es una preocupación creciente y tiene importantes implicaciones éticas.

16. Redes neuronales artificiales (RNA): Un tipo de modelo de aprendizaje automático que se inspira en la estructura y el funcionamiento del cerebro humano. Las RNA están diseñadas para reconocer patrones en los datos y pueden utilizarse para tareas como el reconocimiento de imágenes o del habla.

17. Retropropagación: Algoritmo de entrenamiento utilizado en redes neuronales para ajustar los pesos de las conexiones entre neuronas. La retropropagación se utiliza para mejorar la precisión de la red minimizando

el error entre los valores predichos y los reales.
18. Árboles de decisión: Modelo de aprendizaje automático que utiliza una estructura en forma de árbol para representar las decisiones y sus posibles consecuencias. Los árboles de decisión se utilizan en aplicaciones como la segmentación de clientes y la detección de fraudes.
19. Aprendizaje por refuerzo: Tipo de aprendizaje automático en el que un agente aprende mediante interacciones de ensayo y error con un entorno. El aprendizaje por refuerzo se utiliza en aplicaciones como los juegos, la robótica y los vehículos autónomos.
20. Retropropagación: Técnica utilizada en el entrenamiento de redes neuronales, en la que el error en la salida se propaga hacia atrás por la red para ajustar los pesos de las conexiones entre neuronas. La retropropagación es una parte esencial del aprendizaje supervisado en redes neuronales.
21. Red neuronal convolucional (CNN): Un tipo de red neuronal que se utiliza habitualmente para tareas de reconocimiento de imágenes y visión por ordenador. Las CNN están diseñadas para aprender de forma automática y adaptativa jerarquías espaciales de características a partir de imágenes de entrada.
22. Minería de datos: El proceso de descubrir patrones y conocimientos a partir de grandes conjuntos de datos. La minería de datos utiliza técnicas de estadística, aprendizaje automático y sistemas de bases de datos para extraer información valiosa de los datos.
23. Reducción de la dimensionalidad: Técnica utilizada para reducir el número de variables o características de un conjunto de datos, conservando la mayor cantidad posible de información relevante. La reducción de la dimensionalidad se utiliza habitualmente para visualizar datos de gran dimensión y mejorar el rendimiento de los algoritmos de aprendizaje automático.

24. Aprendizaje conjunto: Técnica que combina múltiples modelos de aprendizaje automático para mejorar la precisión y solidez de las predicciones. Los métodos ensemble pueden utilizarse tanto para tareas de clasificación como de regresión.
25. Red Generativa Adversarial (GAN): Tipo de red neuronal que consta de dos partes: un generador y un discriminador. El generador produce muestras falsas que luego son evaluadas por el discriminador, que intenta distinguirlas de las muestras reales. Las dos partes se entrenan juntas para mejorar la calidad de las muestras generadas.
26. Descenso gradiente: Algoritmo de optimización utilizado para minimizar la función de error o pérdida en modelos de aprendizaje automático. El descenso de gradiente funciona ajustando iterativamente los parámetros del modelo en la dirección de descenso más pronunciado de la función de error.
27. Hiperparámetro: Parámetro que se establece antes del entrenamiento de un modelo de aprendizaje automático y controla el proceso de aprendizaje. Ejemplos de hiperparámetros son la tasa de aprendizaje, la intensidad de la regularización y el número de capas ocultas de una red neuronal.
28. Agrupación de K-Means: Algoritmo de aprendizaje automático utilizado para dividir un conjunto de datos en K conglomerados, donde K es un número predefinido. El algoritmo funciona asignando iterativamente puntos de datos al centroide del clúster más cercano y actualizando los centroides.
29. Detección de objetos: Tarea de visión por ordenador que consiste en detectar y localizar objetos en una imagen o vídeo. Los algoritmos de detección de objetos se utilizan habitualmente en aplicaciones como vehículos autónomos, sistemas de vigilancia y robótica.
30. Análisis de componentes principales (ACP): Técnica de

reducción de la dimensionalidad que encuentra una combinación lineal de variables que captura la máxima varianza de los datos. El ACP se utiliza habitualmente para la extracción de características y la compresión de datos.
31. Aprendizaje por refuerzo: Tipo de aprendizaje automático en el que un agente aprende a tomar decisiones basándose en la información que recibe de su entorno. El aprendizaje por refuerzo se utiliza habitualmente en aplicaciones como la robótica, los juegos y los sistemas de control.
32. Máquina de vectores soporte (SVM): Algoritmo de aprendizaje automático que se utiliza habitualmente para tareas de clasificación y regresión. Las SVM funcionan encontrando el hiperplano que separa al máximo los datos en diferentes clases.
33. Bosque aleatorio: Algoritmo de aprendizaje automático que implica la creación de múltiples árboles de decisión y la posterior combinación de sus resultados para realizar una predicción final. Los bosques aleatorios suelen utilizarse para tareas de clasificación y regresión.
34. Árbol de decisión: Modelo en forma de árbol utilizado en el aprendizaje automático para tomar decisiones. Consta de nodos que representan características o atributos, y ramas que representan posibles valores o decisiones basadas en esas características.
35. Agrupación: Técnica de aprendizaje automático no supervisado que consiste en agrupar puntos de datos similares. La agrupación se utiliza a menudo para la exploración de datos, la detección de anomalías y el reconocimiento de patrones.
36. Reducción de la dimensionalidad: Técnica utilizada para reducir el número de características o dimensiones de un conjunto de datos. Esto puede ayudar a simplificar el análisis y la visualización de los datos, así como a mejorar el rendimiento de los modelos de

aprendizaje automático.
37. Autocodificador: Tipo de red neuronal utilizada para el aprendizaje no supervisado cuyo objetivo es aprender una representación comprimida de los datos. Para ello, comprime los datos en una representación de menor dimensión y luego los reconstruye a su forma original.
38. Comprensión del Lenguaje Natural (NLU): La capacidad de un sistema de IA para comprender el lenguaje humano y extraer su significado. El NLU se utiliza a menudo en chatbots, asistentes virtuales y análisis de sentimientos.
39. Generación de lenguaje natural (NLG): Capacidad de un sistema de IA para generar un lenguaje similar al humano a partir de un conjunto de reglas o datos. NLG se utiliza a menudo para la escritura automatizada, la atención al cliente y los chatbots.
40. Reconocimiento de voz: Capacidad de un sistema de inteligencia artificial para transcribir el lenguaje hablado a texto. El reconocimiento de voz se utiliza a menudo en asistentes de voz, software de dictado y subtítulos.
41. Análisis de sentimiento: Técnica utilizada para analizar el tono emocional de un texto. El análisis de sentimientos se utiliza a menudo para el seguimiento de las redes sociales, el análisis de las opiniones de los clientes y los estudios de mercado.
42. Segmentación de imágenes: Técnica utilizada para separar una imagen en varios segmentos o regiones basándose en similitudes como el color, la textura o la forma. La segmentación de imágenes se utiliza a menudo para el reconocimiento de objetos y la visión por ordenador.
43. Reconocimiento óptico de caracteres (OCR): Capacidad de un sistema de inteligencia artificial para reconocer caracteres impresos o manuscritos y convertirlos en texto digital. El OCR se utiliza a menudo para digitalizar

documentos, automatizar la introducción de datos y crear herramientas de accesibilidad.
44. Ejemplos adversarios: Entradas a un modelo de aprendizaje automático que se han modificado intencionadamente para que clasifique mal o produzca resultados incorrectos. Los ejemplos adversos se utilizan a menudo para probar y mejorar la solidez de los sistemas de IA.
45. Sobreajuste: Fenómeno en el que un modelo de aprendizaje automático se vuelve demasiado complejo y empieza a memorizar los datos de entrenamiento en lugar de aprender patrones generales. El sobreajuste puede dar lugar a un rendimiento deficiente con datos nuevos y suele evitarse mediante técnicas de regularización.

Entender la AI

Consideraciones éticas y sociales en torno al desarrollo y uso de la IA

Las consideraciones éticas y sociales en torno al desarrollo y uso de la IA son cada vez más importantes a medida que la IA se integra más en nuestra vida cotidiana. Algunas de las principales consideraciones éticas y sociales en torno al desarrollo y uso de la IA son las siguientes:

- Sesgo e imparcialidad: Los algoritmos de IA son tan imparciales como los datos utilizados para entrenarlos. Si los datos utilizados para entrenar un algoritmo de IA son sesgados, el algoritmo reflejará ese sesgo en su toma de decisiones. Esto puede tener graves consecuencias para grupos de personas ya marginadas o discriminadas. Es importante garantizar que los algoritmos de IA sean justos e imparciales.
- Privacidad: Los algoritmos de IA pueden recopilar y procesar grandes cantidades de datos personales. Esto plantea problemas sobre cómo se recopilan, utilizan y almacenan estos datos, y quién tiene acceso a ellos. Los

problemas de privacidad incluyen el riesgo de violación de datos, robo de identidad y uso no autorizado de información personal.
- Rendición de cuentas: A medida que la IA se vuelve más autónoma, resulta cada vez más difícil hacer rendir cuentas a los responsables de sus acciones. Esto puede plantear cuestiones sobre la responsabilidad por accidentes o daños causados por los sistemas de IA.
- Transparencia: Los sistemas de IA pueden ser complejos y difíciles de entender. Esto puede dificultar la determinación de cómo han llegado a una decisión concreta, lo que puede llevar a una falta de confianza en el sistema. Es importante garantizar que los sistemas de IA sean transparentes y que sus procesos de toma de decisiones sean comprensibles.
- Seguridad: Los sistemas de IA pueden ser vulnerables a los ciberataques, que pueden comprometer la seguridad de los datos personales y la integridad del propio sistema de IA. Es importante garantizar que los sistemas de IA sean seguros y que se tomen las medidas adecuadas para protegerlos de las ciberamenazas.
- Empleo: La IA tiene el potencial de automatizar muchos puestos de trabajo, lo que podría tener implicaciones significativas para la mano de obra. Es importante considerar el impacto de la IA en el empleo y desarrollar estrategias para abordar cualquier efecto negativo.
- Regulación: A medida que la IA se integra más en nuestra vida cotidiana, crece la necesidad de regulación para garantizar que se desarrolla y utiliza de forma responsable y ética. Esto incluye cuestiones relacionadas con la privacidad de los datos, la transparencia y la rendición de cuentas.
- En resumen, las consideraciones éticas y sociales en torno al desarrollo y uso de la IA son complejas y polifacéticas. Es importante garantizar que la IA se desarrolle y utilice de forma responsable y ética, y

que se tomen las medidas adecuadas para abordar las preocupaciones relacionadas con la parcialidad, la privacidad, la responsabilidad, la transparencia, la seguridad, el empleo y la regulación.

Primeros pasos con la IA

CONFIGURAR EL ENTORNO AI

La creación de un entorno de IA es la base para desarrollar cualquier aplicación o modelo de IA. Implica seleccionar las herramientas, tecnologías y marcos adecuados para apoyar el proceso de desarrollo. Estas son algunas consideraciones clave para configurar un entorno de IA:

1. Elegir un lenguaje de programación: La elección del lenguaje de programación depende del tipo de proyecto de IA en el que estés trabajando. Python es uno de los lenguajes de programación más populares para el desarrollo de IA, ya que cuenta con un rico conjunto de bibliotecas y herramientas para el aprendizaje automático, el aprendizaje profundo y el procesamiento del lenguaje natural. Otros lenguajes de programación populares para el desarrollo de IA son Java, C++ y R.
2. Selección de una plataforma de desarrollo: Una plataforma de desarrollo es un entorno de software que proporciona herramientas y marcos para crear, probar y desplegar aplicaciones de IA. Entre las plataformas de desarrollo más populares para la IA se encuentran Google Cloud Platform, Amazon Web Services (AWS) y Microsoft Azure. Estas plataformas proporcionan modelos de aprendizaje automático preconfigurados, API y herramientas para el preprocesamiento de datos, la formación y la prueba de modelos de IA.
3. Almacenamiento y gestión de datos: Las aplicaciones de

IA requieren grandes cantidades de datos para entrenar y probar modelos. Elegir la solución de almacenamiento y gestión de datos adecuada es fundamental para garantizar que los datos sean accesibles, seguros y fáciles de gestionar. Las soluciones de almacenamiento de datos basadas en la nube como Amazon S3, Azure Blob Storage y Google Cloud Storage son opciones populares para almacenar grandes cantidades de datos.

4. Herramientas de preprocesamiento de datos: Antes de entrenar un modelo de IA, es esencial preprocesar los datos para asegurarse de que tienen el formato y la calidad adecuados. Las herramientas de preprocesamiento de datos como Apache Spark, Pandas y Scikit-learn pueden ayudar a limpiar, transformar y manipular los datos para prepararlos para su uso en modelos de IA.

5. Marcos de aprendizaje automático: Los marcos de aprendizaje automático proporcionan algoritmos, modelos y herramientas predefinidos para crear, entrenar y desplegar modelos de IA. Entre los marcos de aprendizaje automático más conocidos se encuentran TensorFlow, Keras, PyTorch y Scikit-learn.

6. Marcos de aprendizaje profundo: Los marcos de aprendizaje profundo son un subconjunto de marcos de aprendizaje automático especializados en la creación de modelos de redes neuronales para aplicaciones de IA complejas como la visión por ordenador, el reconocimiento del habla y el procesamiento del lenguaje natural. Entre los marcos de aprendizaje profundo más populares se encuentran TensorFlow, PyTorch, Caffe y Theano.

7. Entornos de desarrollo integrados (IDE): Los IDE son aplicaciones de software que proporcionan un entorno integrado para escribir, depurar y probar código. Entre los IDE más populares para el desarrollo de IA se

encuentran PyCharm, Eclipse y Visual Studio.
8. Control de versiones: El control de versiones es un aspecto crítico del desarrollo de software que permite a los desarrolladores gestionar los cambios en el código y colaborar en los proyectos. Git es un popular sistema de control de versiones utilizado en el desarrollo de IA, y plataformas como GitHub y GitLab ofrecen herramientas para el control de versiones, el seguimiento de incidencias y la colaboración.
9. Opciones de despliegue: Después de desarrollar un modelo de IA, es esencial desplegarlo en un entorno de producción para que esté disponible para su uso por parte de los usuarios finales. Las opciones de despliegue para aplicaciones de IA incluyen servicios basados en la nube, aplicaciones móviles y aplicaciones web. Herramientas como TensorFlow Serving, Flask y Django pueden utilizarse para desplegar modelos de IA en aplicaciones web.

La creación de un entorno de IA puede ser un proceso complejo, y es fundamental seleccionar las herramientas y tecnologías adecuadas para apoyar el proceso de desarrollo. Teniendo en cuenta los factores descritos anteriormente, los desarrolladores pueden crear un entorno de IA sólido y eficiente para crear, probar e implementar aplicaciones de IA.

Primeros pasos con la IA

CONCEPTOS BÁSICOS DE PROGRAMACIÓN PARA EL DESARROLLO DE IA

Los conceptos básicos de programación son esenciales para el desarrollo de la IA. Proporcionan la base para escribir un código de IA eficiente y eficaz. He aquí algunos conceptos básicos de programación para el desarrollo de IA:

1. Tipos de datos: Los tipos de datos son la clasificación de los datos en diferentes categorías. Ejemplos de tipos de datos son los números enteros, los números en coma flotante, los caracteres y las cadenas. Elegir el tipo de datos adecuado es esencial para garantizar que los datos se almacenan y procesan correctamente.
2. Variables: Las variables se utilizan para almacenar datos en un programa. Se les da un nombre y un tipo de datos. Por ejemplo, una variable entera puede llamarse "num" y tener un valor de 10.
3. Operadores: Los operadores se utilizan para realizar operaciones matemáticas o lógicas con variables. Algunos ejemplos de operadores son la suma (+), la resta (-), la multiplicación (*) y la división (/).
4. Bucles: Los bucles se utilizan para repetir un bloque de código varias veces. Los dos tipos de bucles más comunes son los bucles "for" y los bucles "while".

5. Sentencias condicionales: Las sentencias condicionales se utilizan para tomar decisiones basadas en determinadas condiciones. Los dos tipos más comunes de sentencias condicionales son las sentencias "if" y las sentencias "switch".
6. Funciones: Las funciones son bloques de código que pueden reutilizarse en un programa. Se les asigna un nombre y pueden aceptar parámetros de entrada y devolver valores de salida.
7. Matrices: Las matrices son colecciones de variables del mismo tipo de datos. Se utilizan para almacenar y manipular grandes cantidades de datos.
8. Punteros: Los punteros son variables que almacenan la dirección de memoria de otra variable. Se utilizan para manipular datos indirectamente.
9. Programación orientada a objetos: La programación orientada a objetos (POO) es un paradigma de programación que utiliza objetos para representar entidades del mundo real. La programación orientada a objetos se centra en la encapsulación, la herencia y el polimorfismo.
10. Depuración: La depuración es el proceso de identificar y corregir errores en un programa. Es una habilidad esencial para el desarrollo de la IA, ya que incluso errores menores pueden causar problemas importantes en los modelos de IA.

Comprender estos conceptos básicos de programación es crucial para el desarrollo de la IA. Dominando estos conceptos, los desarrolladores pueden escribir código eficiente y eficaz para aplicaciones de IA.

ARTIFICALINTELLIGENCE

Primeros pasos con la IA

HERRAMIENTAS Y MARCOS PARA EL DESARROLLO DE LA IA

Cuando se trata de desarrollar inteligencia artificial, existen varias herramientas y marcos de trabajo que pueden utilizarse para construir y entrenar modelos de IA. Estos son algunos de los más populares:

1. TensorFlow: desarrollada por Google, TensorFlow es una plataforma de código abierto para crear y entrenar modelos de aprendizaje automático. Ofrece un amplio ecosistema de bibliotecas y herramientas que los desarrolladores pueden utilizar para crear complejos sistemas de IA. TensorFlow admite una amplia gama de aplicaciones, como el reconocimiento de imágenes y del habla, el procesamiento del lenguaje natural y el análisis de series temporales.

2. PyTorch: PyTorch es una biblioteca de aprendizaje automático de código abierto desarrollada por Facebook. Es conocida por su simplicidad, facilidad de uso y flexibilidad. PyTorch admite gráficos computacionales dinámicos, lo que facilita la construcción de modelos complejos. También incluye una variedad de modelos pre-construidos y herramientas para la carga de datos, preprocesamiento y visualización.

3. Keras: Keras es una API de redes neuronales de alto

nivel escrita en Python. Está diseñada para ser fácil de usar y puede ejecutarse sobre TensorFlow, CNTK o Theano. Keras es ideal para principiantes que quieren empezar a construir redes neuronales rápidamente sin preocuparse demasiado por los detalles de bajo nivel.

4. Scikit-learn: Scikit-learn es una popular biblioteca de aprendizaje automático para Python. Incluye diversos algoritmos de clasificación, regresión, agrupación y reducción dimensional. Scikit-learn también proporciona herramientas para la selección, evaluación y visualización de modelos.

5. Caffe: Caffe es un marco de aprendizaje profundo desarrollado por Berkeley AI Research (BAIR). Está diseñado para ser rápido y eficiente y es especialmente adecuado para tareas de clasificación y segmentación de imágenes. Caffe admite una amplia gama de arquitecturas de redes neuronales, incluidas redes convolucionales, recurrentes y totalmente conectadas.

6. Theano: Theano es una biblioteca de Python para el cálculo numérico rápido. Puede utilizarse para construir y entrenar redes neuronales profundas y es especialmente adecuada para tareas que implican operaciones matemáticas complejas. Theano ya no se desarrolla activamente, pero se sigue utilizando ampliamente en la comunidad investigadora.

7. MXNet: MXNet es un marco de aprendizaje profundo desarrollado por Amazon. Está diseñado para ser escalable y puede ejecutarse en varias GPU y CPU. MXNet admite una amplia gama de arquitecturas de redes neuronales, incluidas redes convolucionales, recurrentes y generativas. También incluye una variedad de modelos preconstruidos y herramientas para la carga y el preprocesamiento de datos.

Estas son sólo algunas de las muchas herramientas y marcos disponibles para el desarrollo de IA. Elegir la más adecuada depende de las necesidades específicas del proyecto y del nivel de conocimientos del desarrollador. Es importante evaluar los puntos fuertes y débiles de cada opción y seleccionar la más adecuada para la tarea en cuestión.

Desarrollo de la IA

RECOPILACIÓN Y PREPARACIÓN DE DATOS PARA MODELOS DE IA

La recopilación y preparación de datos para los modelos de IA es un aspecto crítico del desarrollo de la IA que requiere una planificación y ejecución cuidadosas. Sin datos de alta calidad, los modelos de IA no podrán aprender patrones con precisión ni tomar decisiones inteligentes. En esta sección analizaremos el proceso de recopilación y preparación de datos para los modelos de IA.

Recogida de datos:

1. El primer paso para desarrollar un modelo de IA es recopilar los datos. Dependiendo de la aplicación, los datos pueden recogerse de diversas fuentes, como sensores, cámaras, micrófonos, rastreadores web o bases de datos. Es importante recopilar una cantidad suficiente de datos que represente el escenario del mundo real e incluya ejemplos positivos y negativos. La calidad de los datos recopilados puede tener un impacto significativo en la precisión y la eficacia de los modelos de IA.

Limpieza de datos:

2. Una vez recogidos los datos, hay que limpiarlos y preprocesarlos. Esto implica eliminar cualquier

dato irrelevante o duplicado y garantizar que los datos sean coherentes, completos y precisos. La limpieza de datos es un paso crucial porque puede afectar a la calidad de los resultados del modelo. Es importante utilizar técnicas adecuadas para limpiar y preprocesar los datos, como la normalización, la selección de características y el aumento de datos.

Etiquetado de datos:

3. Para entrenar un modelo de IA supervisado, se necesitan datos etiquetados. El etiquetado consiste en asignar categorías o clases específicas a las instancias de datos, lo que permite al modelo aprender a asociar entradas con salidas. El etiquetado de datos puede realizarse de forma manual, semiautomática o automática, dependiendo del tipo de datos y de los recursos disponibles. Es importante garantizar la calidad y coherencia de los datos etiquetados para mejorar la precisión y fiabilidad de los modelos de IA.

Aumento de datos:

4. Las técnicas de aumento de datos pueden utilizarse para aumentar la cantidad de datos disponibles para los modelos de IA. Esto puede implicar la creación de datos sintéticos o la modificación de datos existentes de diversas formas, como volteando, rotando o recortando imágenes. El aumento de datos puede ayudar a reducir el sobreajuste y mejorar la solidez y la generalización de los modelos de IA.

Almacenamiento y gestión de datos:

5. Es esencial almacenar y gestionar los datos adecuadamente para el desarrollo de la IA. Los datos deben almacenarse de forma que sean fácilmente accesibles y estén bien organizados. Deben utilizarse técnicas de gestión de datos adecuadas para garantizar la privacidad de los datos, la seguridad y el cumplimiento de normativas como el GDPR. Además, es importante tener una comprensión clara de la propiedad de los datos, las licencias y los derechos de propiedad intelectual.

En resumen, la recogida y preparación de datos para los modelos de IA es un paso crucial en el desarrollo de la IA. Implica recopilar datos de alta calidad, limpiarlos y preprocesarlos, etiquetarlos, aumentarlos y gestionarlos adecuadamente. La recopilación y preparación adecuadas de los datos son esenciales para garantizar la precisión, fiabilidad y eficacia de los modelos de IA.

Desarrollo de la IA

CREACIÓN Y ENTRENAMIENTO DE MODELOS DE IA

Construir y entrenar modelos de IA es uno de los componentes más cruciales del desarrollo de la IA. Se trata de crear un modelo que pueda aprender de los datos y hacer predicciones o tomar decisiones basadas en ellos. Los modelos de IA pueden construirse utilizando diversas técnicas, como la regresión, la clasificación y las redes neuronales.

La regresión es un método estadístico utilizado para predecir una variable de resultado continua a partir de una o más variables de entrada. Se suele utilizar en IA para tareas como la previsión y el análisis de tendencias. El objetivo de la regresión es encontrar una ecuación matemática que pueda predecir con exactitud la variable de resultado basándose en las variables de entrada.

La clasificación es otra técnica habitual en la IA. Consiste en predecir una variable de resultado categórica a partir de una o varias variables de entrada. La clasificación se utiliza en una amplia gama de aplicaciones, como el reconocimiento de imágenes y el procesamiento del lenguaje natural.

Las redes neuronales son un tipo de modelo de IA que se inspira en la estructura del cerebro humano. Se componen de capas de nodos interconectados que pueden aprender de los datos y tomar decisiones o hacer predicciones. Las redes neuronales son capaces de manejar datos de entrada complejos, como imágenes y lenguaje natural, y se utilizan ampliamente en aplicaciones de aprendizaje profundo.

A la hora de crear y entrenar modelos de IA, es importante tener en cuenta varios factores. Uno de ellos es la calidad y cantidad de los datos utilizados para entrenar el modelo. Cuantos más datos haya disponibles, más preciso y sólido será el modelo. Sin embargo, también es importante asegurarse de que los datos utilizados son representativos del problema que se está resolviendo y que no contienen sesgos o errores que puedan afectar a la precisión del modelo.

Otra consideración importante es la elección de los algoritmos y parámetros utilizados para entrenar el modelo. Diferentes algoritmos pueden ser más adecuados para diferentes tipos de problemas, y elegir el algoritmo y los valores de los parámetros adecuados puede tener un impacto significativo en el rendimiento del modelo.

Además de construir y entrenar el modelo, es importante evaluar su rendimiento y ajustarlo si es necesario. Esto implica probar el modelo con nuevos datos para comprobar su capacidad de generalización a nuevas situaciones y realizar ajustes para mejorar su precisión y rendimiento.

En general, crear y entrenar modelos de IA requiere una combinación de conocimientos técnicos, experiencia en datos y capacidad para resolver problemas. Es un proceso complejo que requiere una cuidadosa consideración de muchos factores diferentes, pero cuando se hace bien, puede dar lugar a aplicaciones de IA potentes y transformadoras.

Desarrollo de la IA

PROBAR Y EVALUAR MODELOS DE IA

Probar y evaluar los modelos de IA es un paso crucial en el proceso de desarrollo que ayuda a garantizar la fiabilidad, precisión y solidez del modelo. En esta sección exploraremos los distintos métodos y técnicas utilizados para evaluar los modelos de IA y medir su rendimiento.

Dividir datos

1. Antes de probar y evaluar un modelo de IA, es importante dividir los datos disponibles en conjuntos de entrenamiento, validación y prueba. El conjunto de entrenamiento se utiliza para entrenar el modelo, mientras que el conjunto de validación se utiliza para ajustar los hiperparámetros del modelo y evitar el sobreajuste. El conjunto de prueba se utiliza para evaluar el rendimiento final del modelo.

Métricas de rendimiento

2. Las métricas de rendimiento se utilizan para medir la precisión y el rendimiento de un modelo de IA. Algunas métricas de rendimiento habituales en el desarrollo de la IA son la precisión, la recuperación, la puntuación F1, la exactitud y el AUC-ROC. Estas métricas se utilizan para medir la capacidad del modelo para predecir correctamente casos positivos y negativos, y el equilibrio entre precisión y recuperación.

Validación cruzada

3. La validación cruzada es una técnica utilizada

para evaluar el rendimiento de un modelo de IA en múltiples subconjuntos de datos. Los datos se dividen en k pliegues, y el modelo se entrena y evalúa k veces, utilizando cada pliegue una vez como conjunto de prueba. La validación cruzada es una técnica útil para estimar el rendimiento de un modelo con datos nuevos y reducir el riesgo de sobreajuste.

Pruebas A/B

4. Las pruebas A/B son una técnica utilizada para comparar el rendimiento de dos modelos o versiones diferentes de un modelo. Los datos se dividen en dos grupos y cada grupo se expone a un modelo diferente. A continuación, se compara el rendimiento de cada modelo en función de un conjunto de métricas de rendimiento.

Pruebas de parcialidad e imparcialidad

5. El sesgo y las pruebas de imparcialidad son consideraciones importantes en el desarrollo y la evaluación de la IA. El sesgo puede producirse cuando el modelo se entrena con datos sesgados o cuando el propio modelo es sesgado. Las pruebas de imparcialidad se utilizan para garantizar que el modelo no discrimina injustamente a determinados grupos de personas ni produce resultados sesgados.

Pruebas de interpretabilidad

6. Las pruebas de interpretabilidad se utilizan para evaluar la capacidad de un modelo de IA para explicar sus decisiones y explicar cómo ha llegado a un resultado concreto. La interpretabilidad es importante en aplicaciones en las que el proceso de toma de decisiones debe ser transparente y comprensible.

Análisis de errores

7. El análisis de errores se utiliza para identificar y analizar los errores cometidos por un modelo de IA. Esta información puede utilizarse para mejorar el rendimiento del modelo e identificar áreas en las que es necesario un mayor desarrollo o ajuste.

En general, probar y evaluar los modelos de IA es una parte fundamental del proceso de desarrollo de la IA. Mediante el uso de una combinación de técnicas y métricas, los desarrolladores pueden garantizar que sus modelos son fiables, precisos y sólidos. Es importante probar y evaluar continuamente los modelos de IA a medida que se despliegan en aplicaciones del mundo real para garantizar que siguen funcionando como se esperaba e identificar áreas de mejora.

Desarrollo de la IA

PERFECCIONAR LOS MODELOS DE IA PARA MEJORAR LA PRECISIÓN Y EL RENDIMIENTO

El ajuste fino de los modelos de IA es un paso importante en el proceso de desarrollo, ya que ayuda a mejorar la precisión y el rendimiento del modelo. La puesta a punto consiste en realizar pequeños ajustes en el modelo para obtener mejores resultados. A continuación se indican algunos pasos clave que hay que seguir para afinar los modelos de IA:

1. Determinar el objetivo: Antes de afinar un modelo, es importante tener un objetivo claro en mente. Puede ser cualquier cosa, desde mejorar la precisión en una tarea concreta hasta reducir el número de falsos positivos. Una vez definido el objetivo, es más fácil identificar las áreas que necesitan mejoras.

2. Recopilar datos adicionales: Recopilar datos adicionales puede ayudar a mejorar el rendimiento de los modelos de IA. Esto puede incluir añadir más puntos de datos al conjunto de entrenamiento o recopilar más datos que sean similares a los datos de entrenamiento existentes. Los datos adicionales deben ser representativos del

escenario real en el que se utilizará el modelo.

3. Ajuste los hiperparámetros: Los hiperparámetros son las variables que determinan cómo se entrena el modelo de IA. Incluyen elementos como el ritmo de aprendizaje, la intensidad de la regularización y el tamaño del lote. Ajustar estos hiperparámetros puede ayudar a afinar el modelo y mejorar su precisión.

4. Utilizar modelos preentrenados: Los modelos preformados pueden utilizarse como punto de partida para el ajuste. Estos modelos se entrenan en grandes conjuntos de datos y se pueden afinar en conjuntos de datos más pequeños para lograr una mayor precisión. El uso de modelos preentrenados puede ahorrar tiempo y recursos en el proceso de ajuste.

5. Utilizar técnicas de regularización: Las técnicas de regularización, como la regularización L1 y L2, pueden ayudar a evitar el sobreajuste y mejorar la generalización del modelo. El sobreajuste se produce cuando el modelo es demasiado complejo y se ajusta demasiado a los datos de entrenamiento, lo que da lugar a un rendimiento deficiente con los nuevos datos.

6. Evaluar el modelo: Después de realizar ajustes en el modelo, es importante evaluar su rendimiento. Para ello se puede utilizar un conjunto de datos de validación independiente o técnicas de validación cruzada. Los parámetros de evaluación deben elegirse en función del objetivo del proceso de ajuste.

7. Repita el proceso: El ajuste fino es un proceso iterativo y puede ser necesario repetirlo varias veces para lograr los resultados deseados. Cada vez que se repite el proceso, pueden hacerse ajustes basados en los resultados de la iteración anterior.

Siguiendo estos pasos, es posible afinar los modelos de IA y mejorar su precisión y rendimiento. El ajuste puede ayudar a garantizar que el modelo de IA sea eficaz y útil en aplicaciones del mundo real.

Aplicaciones de IA

EJEMPLOS REALES DE IA EN ACCIÓN

La inteligencia artificial se ha abierto camino en diversos sectores y tiene el potencial de transformar nuestra forma de vivir, trabajar e interactuar con el mundo que nos rodea. He aquí algunos ejemplos de aplicaciones de la IA en el mundo real:

1. Coches autónomos: Los coches autoconducidos utilizan una combinación de sensores, algoritmos de aprendizaje automático y procesamiento de datos en tiempo real para navegar y tomar decisiones en la carretera. Empresas como Tesla, Waymo y Uber están desarrollando tecnología de conducción autónoma.
2. Procesamiento del lenguaje natural (PLN): La PNL es una rama de la IA que permite a los ordenadores comprender, interpretar y generar lenguaje humano. Ejemplos de PNL en acción son los chatbots, los asistentes de voz como Siri y Alexa, y la traducción automática.
3. Mantenimiento predictivo: Los algoritmos de IA pueden analizar datos de sensores y otras fuentes para predecir cuándo es probable que falle un equipo. Esto permite a las empresas realizar el mantenimiento antes de que se produzca una avería, lo que reduce el tiempo de inactividad y aumenta la eficiencia.
4. Detección de fraudes: Las entidades financieras utilizan algoritmos de IA para detectar y prevenir transacciones fraudulentas, reduciendo las pérdidas y protegiendo los

activos financieros de los clientes.
5. Sanidad: La IA se está utilizando en la sanidad para mejorar los resultados de los pacientes y reducir costes. Las aplicaciones incluyen el análisis de imágenes médicas, la ayuda al diagnóstico, el descubrimiento de fármacos y la medicina personalizada.
6. Fabricación: Los robots con IA se utilizan en la fabricación para automatizar tareas repetitivas y aumentar la eficiencia. También pueden realizar controles de calidad e identificar defectos en los productos.
7. Agricultura: La IA se utiliza en la agricultura para optimizar el rendimiento de los cultivos, reducir los residuos y mejorar la sostenibilidad. Las aplicaciones incluyen la agricultura de precisión, la supervisión de cultivos y la detección de enfermedades.
8. Entretenimiento: La IA se está utilizando en la industria del entretenimiento para crear experiencias personalizadas para los consumidores. Por ejemplo, Netflix utiliza algoritmos de IA para recomendar películas y programas de televisión en función del historial de visionado del usuario.
9. Comercio minorista: La IA se está utilizando en el comercio minorista para optimizar el inventario, personalizar las experiencias de compra y mejorar la eficiencia de la cadena de suministro. Algunos ejemplos son los chatbots para la atención al cliente, el reconocimiento de imágenes para la búsqueda de productos y el análisis predictivo para la previsión de la demanda.
10. Ciberseguridad: Los algoritmos de IA pueden utilizarse para detectar y prevenir ciberataques analizando el tráfico de red e identificando comportamientos sospechosos.
11. Estos son sólo algunos ejemplos de las muchas formas en que se utiliza la IA en el mundo real. A medida que la

tecnología de IA sigue evolucionando, tiene el potencial de transformar muchas más industrias y aplicaciones.

Aplicaciones de IA

CASOS PRÁCTICOS DE IMPLANTACIÓN CON ÉXITO DE LA IA

Consideraciones éticas en la aplicación de la IA (por ejemplo, sesgo, privacidad, transparencia) Cuando se trata de aplicaciones de IA, hay muchos casos de éxito que demuestran el potencial transformador de esta tecnología. Desde los coches autoconducidos hasta los chatbots y los motores de recomendación, la IA está cambiando nuestra forma de vivir, trabajar e interactuar. A continuación presentamos algunos ejemplos de aplicaciones de IA que han tenido éxito:

1. Sanidad: La IA se está utilizando para mejorar la precisión y rapidez del diagnóstico, reducir los costes sanitarios y permitir un tratamiento más personalizado. Por ejemplo, DeepMind Health, de Google, ha desarrollado un sistema de IA capaz de detectar signos precoces de enfermedades oculares, mientras que IBM Watson se está utilizando para ayudar a los médicos a identificar opciones de tratamiento del cáncer.

2. Finanzas: La IA se utiliza para detectar fraudes, mejorar la gestión de riesgos y optimizar las carteras de inversión. Por ejemplo, JPMorgan Chase utiliza un sistema de IA llamado COiN para analizar documentos jurídicos y extraer información importante, mientras que el fondo de cobertura Two Sigma utiliza la IA

para analizar grandes cantidades de datos e identificar estrategias de negociación rentables.
3. Comercio minorista: La IA se está utilizando para personalizar la experiencia de compra, mejorar la gestión de la cadena de suministro y mejorar las recomendaciones de productos. Por ejemplo, Amazon utiliza IA para recomendar productos basándose en el historial de compras de un cliente, mientras que Tmall de Alibaba utiliza IA para analizar el comportamiento de compra y ofrecer recomendaciones personalizadas.
4. Transporte: La IA se está utilizando para mejorar la seguridad, reducir la congestión y optimizar las rutas. Por ejemplo, empresas como Tesla y Waymo están desarrollando tecnología de conducción autónoma, mientras que Uber utiliza la IA para optimizar las rutas de los conductores y minimizar los tiempos de espera de los pasajeros.

Sin embargo, a medida que la IA se va imponiendo en diversos sectores, también hay consideraciones éticas que deben tenerse en cuenta. Algunas de las principales consideraciones éticas en torno a la IA son:
1. Prejuicios: los sistemas de IA pueden perpetuar los prejuicios existentes en los datos, dando lugar a resultados injustos. Por ejemplo, se ha descubierto que el software de reconocimiento facial es menos preciso con personas de piel oscura. Es importante que los desarrolladores se aseguren de que los sistemas de IA se entrenan con datos no sesgados y se auditan periódicamente para detectar sesgos.
2. Privacidad: Los sistemas de IA pueden recopilar y analizar grandes cantidades de datos personales, lo que plantea problemas de privacidad y seguridad. Es importante que los desarrolladores diseñen los sistemas de IA teniendo en cuenta la privacidad y se aseguren de que los datos se almacenan de forma segura y solo se

utilizan para los fines previstos.
3. Transparencia: Los sistemas de IA pueden ser difíciles de entender, lo que dificulta saber cómo se toman las decisiones. Es importante que los desarrolladores se aseguren de que los sistemas de IA sean transparentes y explicables, para que los usuarios puedan entender cómo se toman las decisiones.
4. Responsabilidad: Los sistemas de IA pueden cometer errores y provocar resultados potencialmente perjudiciales. Es importante que los desarrolladores se aseguren de que los sistemas de IA rinden cuentas, para que puedan ser considerados responsables de cualquier daño que puedan causar.

En conclusión, las aplicaciones de la IA pueden revolucionar varios sectores, pero es importante tener en cuenta las implicaciones éticas de su desarrollo y uso. Al abordar cuestiones como la parcialidad, la privacidad, la transparencia y la rendición de cuentas, podemos garantizar que la IA se desarrolle y utilice de forma responsable y ética.

Futuro y tendencias de la IA

*Futuro y **tendencias de** la IA*

TECNOLOGÍAS EMERGENTES E INVESTIGACIÓN EN IA

Las aplicaciones de IA están hoy en todas partes y han transformado nuestra forma de vivir, trabajar e interactuar. Las aplicaciones de IA se utilizan en una gran variedad de ámbitos, como la sanidad, las finanzas, el transporte, el comercio minorista, etc. He aquí algunos ejemplos de aplicaciones de IA:

1. Sanidad: La IA se utiliza en imágenes médicas, diagnóstico de enfermedades, descubrimiento de fármacos y medicina personalizada.
2. Finanzas: La IA se utiliza en la detección del fraude, la calificación crediticia y el comercio algorítmico.
3. Transporte: La IA se utiliza en coches autónomos, gestión del tráfico y mantenimiento predictivo.
4. Comercio minorista: La IA se utiliza en el marketing personalizado, la previsión de la demanda y la gestión de inventarios.
5. Entretenimiento: La IA se utiliza en sistemas de recomendación, creación de contenidos y procesamiento del lenguaje natural.

Futuro y tendencias de la IA:

La IA avanza a un ritmo exponencial y está llamada a transformar muchos aspectos de la sociedad en los próximos años. Estas son algunas de las tendencias y tecnologías emergentes en IA:

1. IA explicable: los modelos de IA suelen considerarse

una "caja negra" y no siempre está claro cómo toman sus decisiones. Explainable AI pretende hacer la IA más transparente y comprensible.
2. Edge computing: A medida que aumenta el número de dispositivos "inteligentes", es necesario que la IA se procese en el borde, donde se generan los datos, en lugar de enviarse a la nube.
3. Computación cuántica: La computación cuántica tiene el potencial de revolucionar la IA al proporcionar tiempos de procesamiento mucho más rápidos que la computación tradicional.
4. Colaboración entre el ser humano y la IA: La IA se utilizará cada vez más para aumentar las capacidades humanas, en lugar de sustituirlas. Esto requerirá nuevas interfaces y métodos de interacción entre los seres humanos y los sistemas de IA.
5. IA generativa: la IA generativa pretende crear nuevos contenidos, como imágenes, vídeos y música, en lugar de limitarse a analizar los datos existentes.
6. Ética de la IA: A medida que la IA se hace más potente, crece la necesidad de considerar las implicaciones éticas y sociales, como la parcialidad, la privacidad y la transparencia.
7. Robótica: La robótica se integra cada vez más con la IA, lo que permite a los robots aprender de su entorno e interactuar con él.

En general, la IA es un campo apasionante y en rápida evolución con un enorme potencial para transformar muchos aspectos de la sociedad. A medida que la tecnología siga desarrollándose, será importante considerar las implicaciones éticas y sociales de su uso y garantizar que se utilice de forma responsable y en beneficio de todos.

Futuro y **tendencias de** *la IA*

PREDICCIONES PARA EL FUTURO DE LA IA Y SU IMPACTO EN LA SOCIEDAD

Las aplicaciones de la IA han avanzado mucho desde su creación y cada vez se integran más en diversos sectores, como la sanidad, las finanzas, el transporte y la educación. Las predicciones sobre el futuro de la IA y su impacto en la sociedad son amplias y variadas. En esta sección exploraremos algunas de las aplicaciones potenciales de la IA y el impacto que pueden tener en la sociedad.

1. Sanidad: La IA se está utilizando para desarrollar planes de tratamiento personalizados para los pacientes basados en su historial médico, síntomas y otros datos. También se utiliza para desarrollar nuevos fármacos, analizar imágenes médicas y mejorar los resultados de los pacientes. En el futuro, la IA puede desempeñar un papel aún más importante en la asistencia sanitaria al predecir y prevenir enfermedades antes de que se produzcan.

2. Finanzas: La IA se está utilizando para analizar datos financieros y hacer predicciones sobre tendencias del mercado, detección de fraudes y gestión de riesgos. También se utiliza para desarrollar algoritmos de negociación capaces de tomar decisiones de inversión sin intervención humana. En el futuro, la IA

puede desempeñar un papel aún más importante en las finanzas, proporcionando asesoramiento financiero más personalizado y gestionando carteras de inversión.

3. Transporte: La IA se está utilizando para desarrollar vehículos autónomos que puedan conducir por sí mismos sin intervención humana. También se utiliza para mejorar la fluidez del tráfico, reducir los accidentes y optimizar la logística. En el futuro, la IA puede desempeñar un papel aún más importante en el transporte, revolucionando la forma en que viajamos y reduciendo nuestra dependencia de los combustibles fósiles.
4. Educación: La IA se utiliza para personalizar las experiencias de aprendizaje de los alumnos en función de sus necesidades y capacidades individuales. También se utiliza para calificar las tareas, analizar los datos de los alumnos e identificar las áreas en las que necesitan apoyo adicional. En el futuro, la IA puede desempeñar un papel aún más importante en la educación, proporcionando experiencias de aprendizaje más personalizadas y eficaces a los estudiantes.
5. Impacto en la sociedad: Aunque la IA tiene el potencial de transformar varias industrias, también plantea problemas éticos y sociales. Algunas de estas preocupaciones son:

1. Desplazamiento laboral: La IA puede conducir a la automatización de puestos de trabajo, con el consiguiente desplazamiento de empleos humanos.
2. Prejuicios: los sistemas de IA pueden perpetuar los prejuicios que existen en la sociedad, como los prejuicios raciales y de género.
3. Privacidad: Los sistemas de IA pueden recopilar y utilizar datos personales sin consentimiento o de forma poco transparente para los usuarios.
4. La seguridad: Los sistemas de IA pueden plantear

riesgos para la seguridad humana, como los vehículos autónomos que funcionan mal y provocan accidentes.
En conclusión, las aplicaciones potenciales de la IA son amplias y variadas, y su impacto en la sociedad dependerá de cómo se desarrolle y utilice. Aunque la IA puede revolucionar varios sectores, también plantea problemas éticos y sociales que deben abordarse. A medida que la IA sigue evolucionando, es importante tener en cuenta su impacto en la sociedad y desarrollar sistemas de IA que sean éticos, transparentes y beneficiosos para todos.

*Futuro y **tendencias de** la IA*

OPORTUNIDADES Y RETOS DE LA IA EN DIVERSOS SECTORES

1. La IA tiene el potencial de revolucionar una amplia gama de sectores, desde la sanidad hasta las finanzas y el transporte. En esta sección exploraremos algunas de las principales oportunidades y retos asociados a la IA en cada uno de estos sectores.
2. Sanidad
3. El sector sanitario es uno de los más prometedores para la aplicación de la IA. La IA puede ayudar a mejorar los resultados de los pacientes, reducir costes y aumentar la eficiencia. He aquí algunos ejemplos de cómo se utiliza ya la IA en la sanidad:
4. Diagnóstico y tratamiento: La IA puede analizar imágenes médicas, como radiografías y resonancias magnéticas, para ayudar a los médicos a diagnosticar y tratar enfermedades con mayor precisión y rapidez.
5. Descubrimiento de fármacos: La IA puede ayudar a los investigadores a identificar nuevos candidatos a fármacos y acelerar el proceso de descubrimiento de medicamentos.
6. Medicina personalizada: La IA puede ayudar a los médicos a desarrollar planes de tratamiento personalizados para los pacientes basados en su información genética y médica individual.
7. Seguimiento a distancia: La IA puede utilizarse para

monitorizar a distancia la salud de los pacientes y alertar a los médicos si se produce algún cambio que requiera atención.
8. Sin embargo, también existen importantes retos asociados a la IA en la atención sanitaria, entre ellos:
9. Preocupación por la privacidad: La IA se basa en grandes cantidades de datos personales, lo que plantea problemas de privacidad y seguridad de los datos.
10. Sesgo: los algoritmos de IA pueden estar sesgados en función de los datos con los que se entrenan, lo que podría dar lugar a disparidades en los resultados de la atención sanitaria para diferentes poblaciones.
11. Regulación: El uso de la IA en la atención sanitaria está muy regulado, lo que puede dificultar a las empresas la introducción de nuevos productos en el mercado.
12. Finanzas
13. La IA ya se utiliza ampliamente en el sector financiero para mejorar la eficiencia, reducir costes y gestionar riesgos. He aquí algunos ejemplos de cómo se está utilizando la IA en las finanzas:
14. Detección de fraudes: La IA puede ayudar a detectar transacciones fraudulentas y prevenir delitos financieros.
15. Comercio: La IA puede utilizarse para analizar datos de mercado y hacer predicciones sobre futuros movimientos del mercado.
16. Atención al cliente: Los chatbots potenciados por IA pueden proporcionar servicio y asistencia al cliente, reduciendo la necesidad de agentes humanos.
17. Gestión de riesgos: La IA puede ayudar a los bancos e instituciones financieras a identificar y gestionar los riesgos de forma más eficaz.
18. Sin embargo, también hay retos importantes asociados a la IA en las finanzas, entre ellos:
19. Calidad de los datos: La IA se basa en grandes cantidades de datos, que pueden ser difíciles de recopilar y de mala

calidad.
20. Cumplimiento de la normativa: El uso de la IA en las finanzas está sujeto a normativas estrictas que pueden ser difíciles de cumplir.
21. Preocupaciones éticas: El uso de la IA en las finanzas plantea problemas éticos en torno a cuestiones como la transparencia, la responsabilidad y la parcialidad.
22. Transporte
23. La IA puede transformar el sector del transporte mejorando la seguridad, reduciendo los atascos y aumentando la eficiencia. He aquí algunos ejemplos de cómo se está utilizando la IA en el transporte:
24. Vehículos autónomos: La IA se está utilizando para desarrollar coches, camiones y otros vehículos que se conducen solos.
25. Gestión del tráfico: La IA puede utilizarse para gestionar el flujo de tráfico y reducir la congestión.
26. Mantenimiento predictivo: La IA puede utilizarse para predecir cuándo los vehículos necesitan mantenimiento o reparaciones, reduciendo el tiempo de inactividad y los costes.
27. Logística: La IA puede utilizarse para optimizar las rutas y los horarios de envío.
28. Sin embargo, también hay retos importantes asociados a la IA en el transporte, entre ellos:
29. Preocupación por la seguridad: El desarrollo de vehículos autónomos plantea problemas de seguridad y responsabilidad.
30. Normativa: El uso de IA en el transporte está sujeto a una normativa estricta, que puede ser difícil de cumplir.
31. Preocupaciones éticas: El uso de la IA en el transporte plantea problemas éticos relacionados con la privacidad, la transparencia y la parcialidad.
32. En conclusión, la IA tiene un enorme potencial para transformar una amplia gama de sectores, como la

sanidad, las finanzas y el transporte. Sin embargo, para hacer realidad este potencial será necesario abordar los numerosos retos asociados a la IA, incluidas las cuestiones éticas, sociales y normativas. Si trabajamos juntos para afrontar estos retos, podremos garantizar que la IA se utilice de forma responsable y beneficiosa para la sociedad en su conjunto.

RECAPITULACIÓN DE CONCEPTOS CLAVE

Recapitular los conceptos clave es un aspecto importante de cualquier guía, ya que ayuda a reforzar y consolidar la información presentada.

He aquí algunos conceptos clave que conviene recordar cuando se aprende sobre inteligencia artificial:

1. La inteligencia artificial (IA) se refiere a la capacidad de las máquinas para realizar tareas que normalmente requieren inteligencia humana, como la percepción visual, el reconocimiento del habla, la toma de decisiones y la traducción de idiomas.
2. El aprendizaje automático es un subcampo de la IA que consiste en entrenar algoritmos para reconocer patrones en los datos y hacer predicciones o tomar decisiones basadas en esos datos.
3. El aprendizaje profundo es un subconjunto del aprendizaje automático que consiste en entrenar redes neuronales con muchas capas, lo que permite a los algoritmos aprender automáticamente representaciones más complejas de los datos.
4. El procesamiento del lenguaje natural (PLN) es un subcampo de la IA que se centra en capacitar a los ordenadores para entender y procesar el lenguaje humano.
5. La IA puede revolucionar muchos sectores, desde la sanidad y el transporte hasta las finanzas y la fabricación.

6. Sin embargo, el desarrollo y uso de la IA también plantea consideraciones éticas y sociales, como cuestiones de parcialidad, privacidad, transparencia y desplazamiento de puestos de trabajo.
7. Es importante tener en cuenta estas cuestiones éticas y sociales a la hora de diseñar e implantar sistemas de IA, y dar prioridad a la seguridad y el bienestar de todas las personas afectadas por las tecnologías de IA.
8. A medida que la IA sigue evolucionando y mejorando, es importante mantenerse al día de los últimos avances y tendencias en este campo para maximizar sus beneficios potenciales y mitigar sus posibles riesgos.
9. Hay muchas herramientas y recursos disponibles para los interesados en aprender más sobre IA, incluidos lenguajes de programación, plataformas de desarrollo y cursos y tutoriales en línea.
10. En última instancia, el desarrollo y uso responsable y ético de la IA requiere la colaboración y cooperación entre las distintas partes interesadas, incluidos investigadores, desarrolladores, responsables políticos y miembros del público en general. Trabajando juntos, podemos garantizar que la IA se utilice en beneficio de toda la sociedad.

RECURSOS PARA SEGUIR APRENDIENDO Y DESARROLLÁNDOSE

Los recursos para seguir aprendiendo y desarrollándose en inteligencia artificial son abundantes y variados, y se adaptan a personas con distintos niveles de experiencia, intereses y estilos de aprendizaje. A continuación se indican algunos recursos que deben tener en cuenta quienes deseen ampliar sus conocimientos y habilidades en IA:

1. Cursos en línea: Muchas plataformas de aprendizaje en línea ofrecen cursos sobre IA, desde niveles principiantes hasta avanzados. Algunas plataformas populares son Coursera, edX, Udacity y Khan Academy. Estos cursos suelen ofrecer experiencias de aprendizaje interactivas, como clases en vídeo, cuestionarios, tareas y proyectos.

2. Libros y publicaciones: Hay muchos libros y publicaciones sobre IA que cubren diversos temas como el aprendizaje automático, las redes neuronales y el procesamiento del lenguaje natural. Algunos títulos recomendados son "Hands-On Machine Learning with Scikit-Learn, Keras, and TensorFlow" de Aurélien Géron, "Deep Learning" de Yoshua Bengio, Ian Goodfellow y Aaron Courville, e "Artificial Intelligence: A Modern Approach" de Stuart Russell y Peter Norvig.

3. Conferencias y actos sobre IA: Asistir a conferencias y actos es una forma estupenda de conocer las últimas

tendencias, innovaciones y prácticas en el campo de la IA. Algunas de las conferencias de IA más conocidas son la Conferencia sobre Sistemas de Procesamiento de Información Neuronal (NeurIPS), la Conferencia Internacional sobre Aprendizaje Automático (ICML) y la conferencia de la Asociación de Lingüística Computacional (ACL).
4. Foros y grupos de la comunidad de IA: Las comunidades en línea como Reddit, Stack Exchange y GitHub pueden proporcionar una plataforma para que los entusiastas de la IA debatan ideas, formulen preguntas y compartan conocimientos. Unirse a grupos y comunidades en línea también puede ofrecer oportunidades para establecer contactos y acceder a recursos como proyectos y conjuntos de datos de IA de código abierto.
5. Herramientas y marcos de IA: Hay varias herramientas y marcos de IA disponibles para desarrolladores, investigadores y entusiastas por igual. Entre ellas se encuentran TensorFlow, PyTorch, Keras, Scikit-learn y Apache Spark. Estas herramientas pueden proporcionar una plataforma para experimentar y probar modelos de IA, implementar algoritmos y desarrollar aplicaciones.
6. Documentos de investigación y publicaciones sobre IA: Los artículos y publicaciones de investigación sobre IA pueden proporcionar información sobre los últimos avances y descubrimientos en este campo. Algunos recursos populares son arXiv.org, un repositorio de preprints en informática y campos relacionados, y el Journal of Machine Learning Research.
7. Concursos y retos de IA: Participar en competiciones y retos de IA puede ser una forma excelente de adquirir experiencia práctica y aplicar los conocimientos de IA a problemas del mundo real. Algunos retos populares son el ImageNet Large Scale Visual Recognition Challenge (ILSVRC), el Microsoft Azure Machine Learning

Challenge y la plataforma Kaggle.
8. Programas de certificación de IA: Muchas organizaciones ofrecen programas de certificación de IA para personas que buscan validar sus conocimientos y habilidades de IA. Algunos ejemplos son la certificación Artificial Intelligence Engineer de IBM, el certificado TensorFlow Developer de Google y la certificación Azure AI Engineer Associate de Microsoft.

En resumen, hay varios recursos disponibles para las personas que buscan ampliar sus conocimientos y habilidades en IA, incluidos cursos en línea, libros y publicaciones, conferencias y eventos, foros y grupos de la comunidad de IA, herramientas y marcos de trabajo de IA, artículos y publicaciones de investigación sobre IA, concursos y desafíos de IA y programas de certificación de IA. Es importante mantenerse al día de las últimas tendencias y desarrollos en este campo para maximizar el potencial de la IA en diversas aplicaciones.

Llamamiento a la acción para un uso y desarrollo responsables de la IA

A medida que la inteligencia artificial (IA) sigue creciendo y desarrollándose, es cada vez más importante garantizar que su desarrollo y uso sean éticos y responsables. Los beneficios de la IA son muchos, pero también tiene el potencial de causar daños si no se desarrolla y utiliza adecuadamente. Para garantizar que la IA se desarrolla y utiliza de forma responsable, es necesario un esfuerzo concertado de todas las partes interesadas en el ecosistema de la IA, incluidos los desarrolladores, los responsables políticos y los usuarios finales. He aquí algunas medidas clave que pueden adoptarse para promover el uso y el desarrollo responsables de la IA:

1. Establecer directrices éticas: Se necesitan directrices éticas claras y transparentes para el desarrollo y uso de la IA. Estas directrices deben tener en cuenta el impacto potencial de la IA en la sociedad y dar prioridad al

bienestar de los seres humanos sobre los intereses de las empresas o los gobiernos.
2. Fomentar la apertura y la transparencia: Los sistemas de IA deben diseñarse para ser transparentes y explicables, de modo que los usuarios puedan entender cómo se toman las decisiones. Hay que animar a los desarrolladores a publicar sus investigaciones y compartir datos para fomentar la transparencia en el proceso de desarrollo.
3. Garantizar la privacidad y seguridad de los datos: El uso de datos personales en los sistemas de IA debe estar sujeto a estrictas normas de privacidad de datos para evitar su uso indebido o abuso. Además, los sistemas de IA deben diseñarse para ser seguros y resistentes frente a las ciberamenazas.
4. Abordar el sesgo y la discriminación: Los sistemas de IA son tan imparciales como los datos con los que se han entrenado. Los desarrolladores deben ser conscientes de los posibles sesgos en los datos y algoritmos y trabajar para garantizar que los sistemas de IA están diseñados para ser justos e imparciales.
5. Fomentar la colaboración y la educación: La colaboración y la educación son fundamentales para promover el desarrollo y el uso responsables de la IA. Los desarrolladores, los responsables políticos y los usuarios finales deben trabajar juntos para garantizar que la IA se desarrolle y utilice de forma que beneficie a la sociedad en su conjunto. Deben ponerse en marcha programas educativos para promover la alfabetización en IA y garantizar que los usuarios entienden cómo funcionan los sistemas de IA y su impacto potencial.
6. Promover la supervisión humana: Los sistemas de IA no deben sustituir al criterio humano, por lo que debe existir un mecanismo de supervisión e intervención humana cuando sea necesario. Los desarrolladores

deben diseñar sistemas de IA que puedan auditarse y modificarse en caso necesario.
7. Abordar la perturbación del empleo: El desarrollo de sistemas de IA tiene el potencial de alterar el empleo en muchas industrias. Los responsables políticos y las empresas deben trabajar juntos para garantizar que los trabajadores no se queden atrás por la revolución de la IA y que tengan acceso a programas de reciclaje y recualificación.

En conclusión, el desarrollo y el uso responsables de la IA son esenciales para garantizar que los beneficios de esta tecnología se materialicen sin causar daños. Requiere colaboración y educación, un compromiso con la transparencia y la apertura, y centrarse en las implicaciones éticas del desarrollo y el uso de la IA. Tomando estas medidas, podemos garantizar que la IA se desarrolle y utilice de forma que beneficie a toda la sociedad.